SPACE and EARTH

大宇宙

马劲 编著 showlin 绘

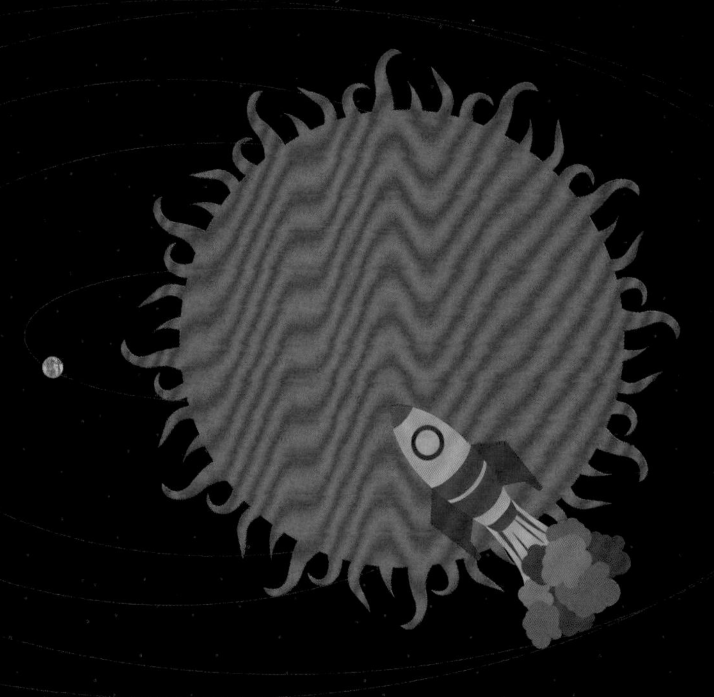

北京联合出版公司
Beijing United Publishing Co.,Ltd.

图书在版编目 (CIP) 数据

大宇宙 / 马劲编著；showlin 绘 .—北京：北京联合出版公司，2020.3（2024.6 重印）

ISBN 978-7-5596-3859-5

Ⅰ．①大…　Ⅱ．①马…　② s…　Ⅲ．①宇宙－儿童读物
Ⅳ．① P159-49

中国版本图书馆 CIP 数据核字 (2019) 第 295642 号

选题策划：
项目策划：冷寒风
责任编辑：牛炜征
特约编辑：李春蕾
插图绘制：showlin
美术统筹：吴金周
封面设计：罗　雷

北京联合出版公司出版
（北京市西城区德外大街83号楼9层 100088）
河北尚唐印刷包装有限公司印刷　新华书店经销
字数20千字　889×1194毫米　1/16　4印张
2020年3月第1版　2024年6月第14次印刷
ISBN 978-7-5596-3859-5
定价：79.90元

前言

天上真的住着神仙吗？星星为什么出现了又消失？自古以来，人类就对天空和天外的世界充满了好奇。人们一直渴望了解神秘的宇宙，从为天空中璀璨的光点命名，到幻想出各种神话故事和令人惊叹的传说，这份对宇宙的好奇心逐渐增进了我们对宇宙的了解。最初人们通过早期的望远镜一窥天外的世界，到 20 世纪中期，人类飞出了地球，对宇宙真实的规模和我们所处的地球，都有了全新的认识。人们了解到：宇宙空间非常非常广阔，它的边界在何处，至今没有定论。而地球只是一颗很寻常的恒星（太阳）的八颗行星之一，由它们共同构成的太阳系，只是宇宙万千星系之中最寻常的恒星系之一。

人们不断地观察、理解、描述、展现已知的大宇宙，甚至推演、猜测宇宙未来的模样，从而不断形成新的宇宙观。

相应地，随着科技的进步，人们对脚下的大地也有了不同的认识。大地是否真的广袤无垠，没有边界？并不是。从外太空上观察地球，能看到地球表面大部分被海洋包裹，而陆地上有山川、有河流，最为珍贵的是，这里有着纷繁多彩的生命存在。

远到宇宙空间、近到地球家园，一些在人们看来只是小小光亮点的东西，它可能是一个将要消失的超新星，也可能是比太阳庞大几千倍的奇妙星体，又或许，它是一群闪闪发光的微小藻类、是神秘的海底生物，而孩子天生是探索者、冒险家，这些奇妙的光点轻易就能激起他们无尽的想象力。

本书以妙趣横生的语言、生动活泼的画面，图文并茂地再现奇妙的宇宙。透过本书、借助鲜活的画面，小读者们可以一探宇宙的模样，既能了解宇宙、学习基本的天文地理知识，又能增长见识、开阔眼界，形成科学的空间思维模式，建立宏大、科学的宇宙观。

目录

“月亮”号观光车是博学的眼镜博士研发的神奇大巴车，眼镜博士的助手玉米，负责驾驶月亮号观光车。

宇宙大探险…6

砰！大爆炸…8

参观太阳系…10

太阳——太阳系的大家长…12

水星——不平静的小小世界…14

金星——金色维纳斯…16

火星——曾经是水世界…18

木星——行星之王…20

土星——绝美的“指环”…22

天王星——斜着身子的行星…24

海王星——蓝色的巨型冰团…26

观月…28

去探索太空…30

寻找宜居的行星…32

我是小小宇航员…34

回到蓝色星球…36

天亮了，天黑了…38

春夏秋冬…39

地球内部的世界…40

漂移的陆地…41

穿越山脉…42

河流与湖泊…44

海底漫游记…46

走遍森林…48

辽阔大草原…50

沙漠和绿洲…52

不可思议的神奇现象…54

时间的齿轮…56

眼镜博士和玉米经常开着“月亮”号观光车，载着孩子们在太空和地球间来来去去。小学生诺诺经常跟着他们一起进行星际旅行。

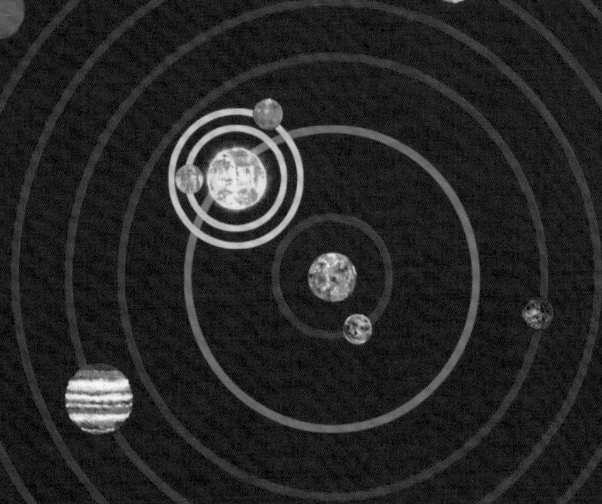

古希腊哲学家亚里士多德提出地球是静止不动的，太阳、月亮和其他星星都围绕着地球旋转。

古时候，人们相信是神创造了宇宙。

宇宙大探险

夜幕降临，有流星划过天空。
眼镜博士的户外教学课开始了。
今天的话题是宇宙。

波兰天文学家哥白尼提出了“日心说”：“太阳是这个宇宙的中心，一切都围绕太阳旋转。”

科学证明，地球和太阳都不是宇宙的中心，也不是静止的。地心说和日心说都不够科学。

宇宙究竟是什么模样呢？有些人提出宇宙是一个圆圆的球体，像一个能将一切都装进的大碗。宇宙从大爆炸之后不停地膨胀，直到今天的样子，未来也会不断膨胀下去。

砰！大爆炸

去往太空的路上，眼镜博士讲起了宇宙的“历史”。

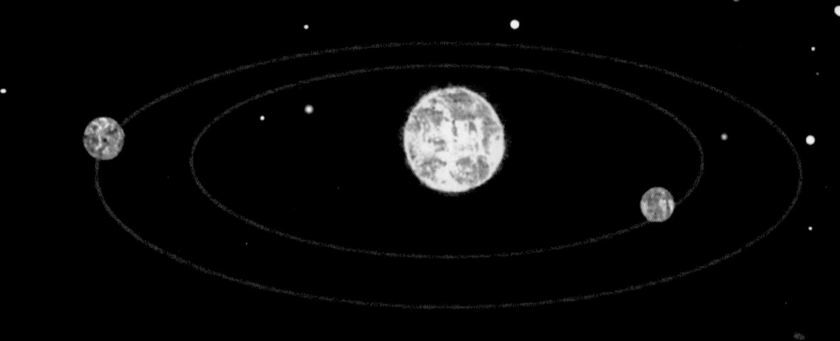

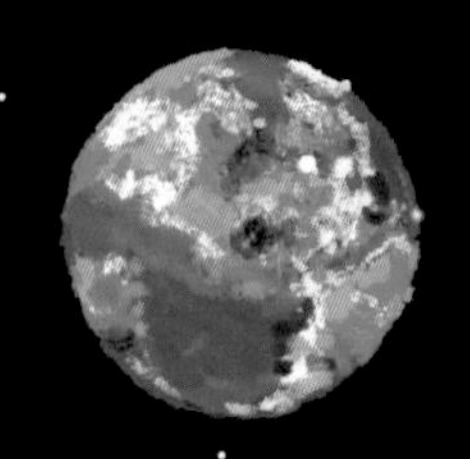

地球在哪里呢？

地球所在的太阳系位于银河系中，而银河系只是宇宙中繁多星系之一。

星际尘埃

星际物质指存在于星系和恒星之间的物质和辐射场，包括星际云、星际尘埃、星际气体等。

眼镜博士小课堂

行星是自身不发光、绕着恒星运动的天体，比如地球、金星、火星等。

恒星是由炽热气体组成的、自身能发光发热的天体，比如太阳。

相互吸引的数十颗恒星聚在一起就成了星团。

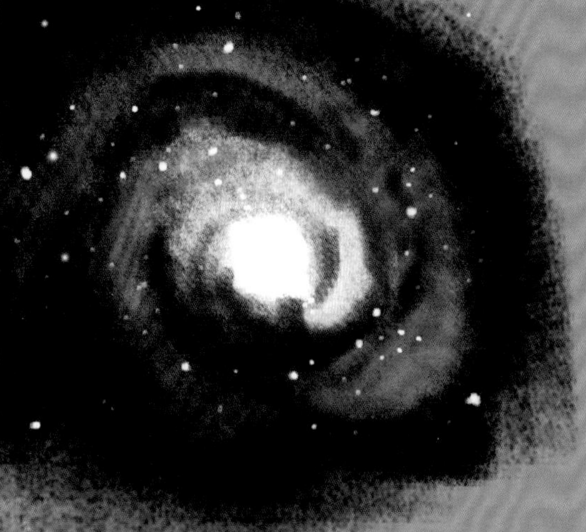

星系是由无数的恒星、行星、尘埃等组成。

有科学家认为，宇宙源于一个质量很大、体积却非常小的点。138亿年前，这个点爆炸了，由此诞生出了宇宙。

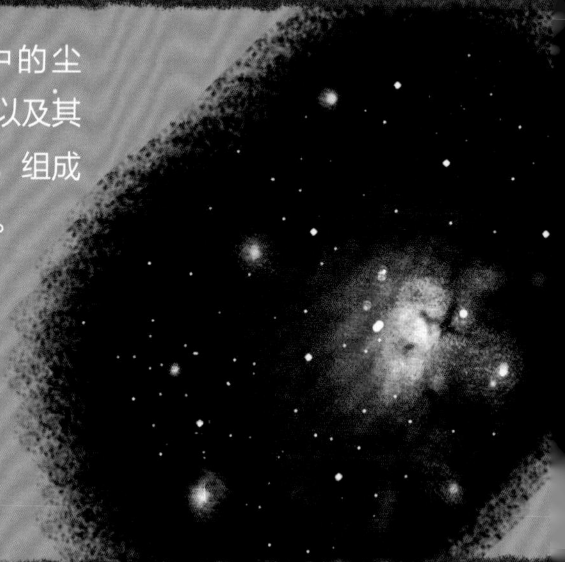

星云是宇宙中的尘埃、氢气、氦气，以及其他气体聚集在一起，组成的像云一样的天体。

黑寡妇星云好像一只巨大的蜘蛛

人类制造的卫星、宇宙飞船等属于人造天体。

参观太阳系

诺诺注意到一颗巨大的“火球”——观光车重新驶回了太阳系。

太阳系以太阳为中心，由太阳和环绕在太阳周围的天体构成。

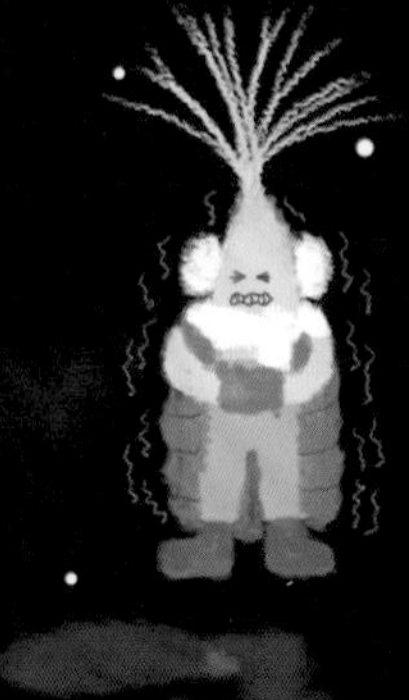

太阳是这里唯一的恒星，是整个太阳系的光源和热源。靠它太近会被烤化，离得太远又会寒冷。

八大行星中最小的行星。

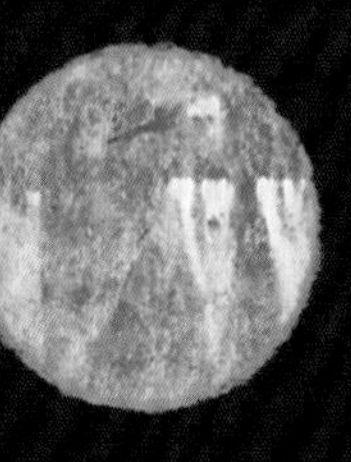

水星

金星

八大行星中距离地球最近。

地球

每一天，无数的生命传奇在人类生活的地球上演。

人们猜测火星上有外星人，但是谁都没有见过。

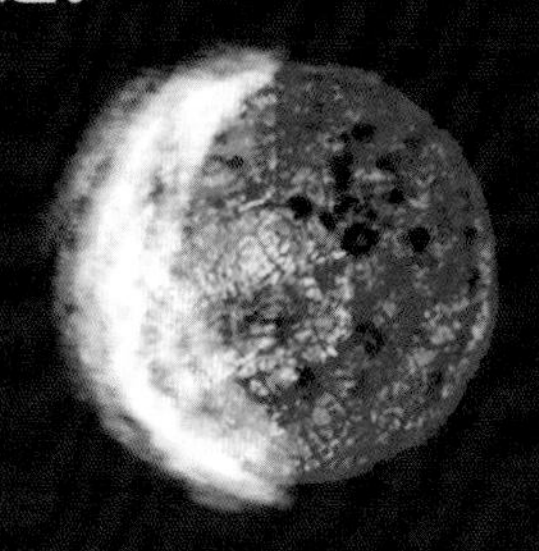

火星

木星是个灵活的“大块头”，它的自转速度在八大行星中最快。

木星

土星被壮观、美丽的土星环围绕着。

土星

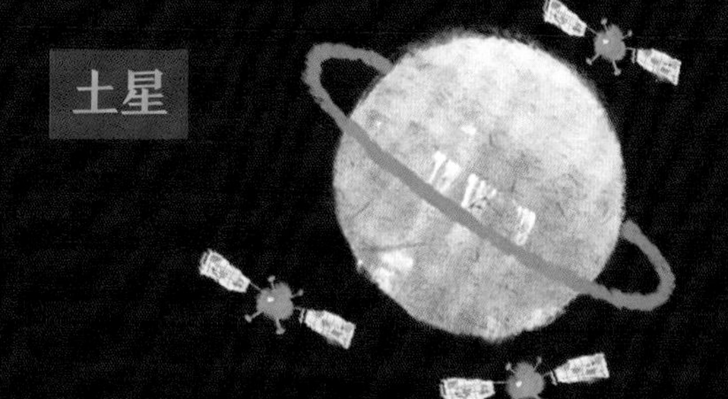

天王星

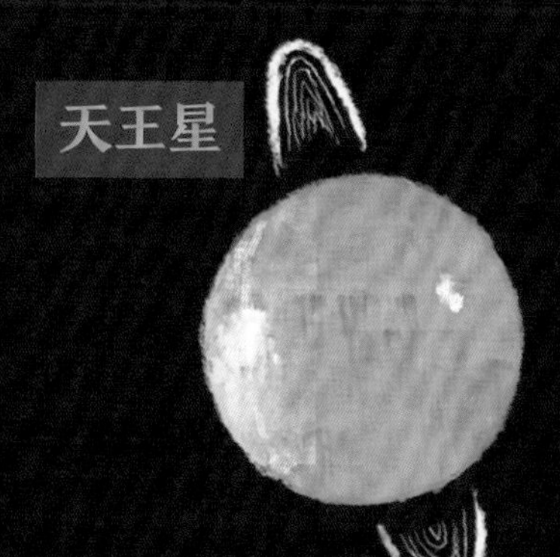

天王星的个性在于几乎“躺”着绕太阳公转。

八大行星中距离太阳最远，是一个极其寒冷的星球。

海王星

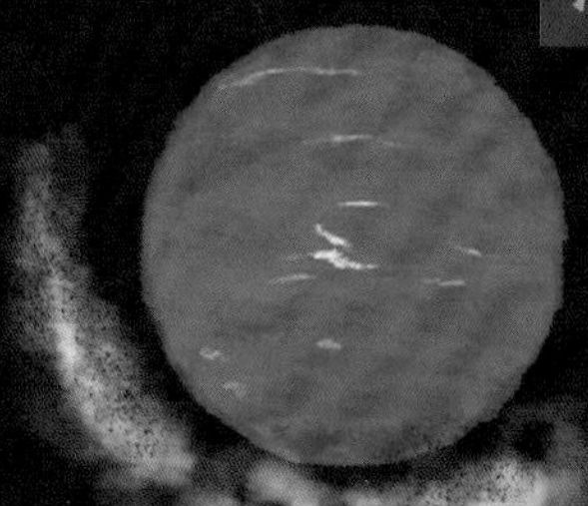

太阳——太阳系的大家长

太阳是太阳系的中心天体，它是离我们最近的恒星，距离地球大约1.5亿千米。

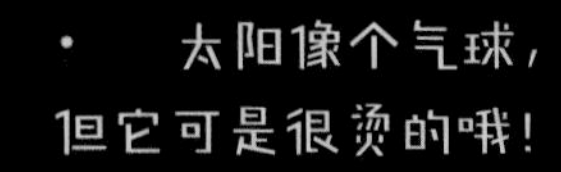

太阳是一个大火球吗？

太阳是一个自身发光发热的炽热气体星球，表面温度约为6000K（5727℃）。

太阳神阿波罗

阿波罗是古希腊神话中掌管光明、音乐、医药和预言等领域的太阳神。

后羿射日

传说以前天上有十个太阳，后羿射下了九个，从此天气才没有那么热。

太阳黑子是光球层表面有时出现的较暗区域，是磁场聚集的地方。

色球层位于光球层之上，呈玫瑰色。

对流层

辐射层

核心层

光球层即通常我们看到的太阳表面，明亮耀眼的太阳光就是从这层发出来的。

日冕层是太阳大气最外面的一层，它的亮度仅为光球层的百万分之一，只有在日全食或使用日冕仪时才能看到。

太阳耀斑是发生在太阳大气局部区域的一种最剧烈的爆发现象。

太阳是太阳系里最重要的天体，正因为有了太阳，地球上的万物才得以生长。

太阳的肚子里能装下130万个地球。

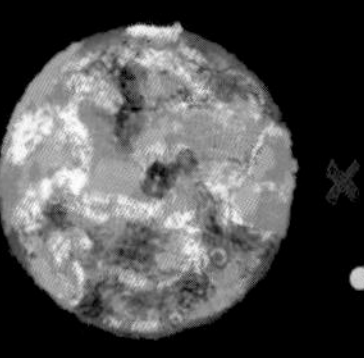

水星——不平静的小小世界

当水星运行到太阳和地球之间时，在地球上会看到一个小小的黑点从太阳表面穿过，这种奇异的天文现象叫作“水星凌日”。

水星围绕太阳运转的速度非常快，只需要88个地球日就可以绕太阳公转一周。

水星内部的含铁量非常高，超过任何已知行星。据天文学家推测，水星中所含有的铁足够开采2400亿年！

“水星年”时间最短，但“水星日”却比别的行星更长！一个水星日等于两个水星年，地球人到了水星上会非常不习惯。

水星上布满了环形山，和月球很像。

水星上并没有水，它是太阳系中最小的一颗行星，同时也是距离太阳最近的一颗行星。

水星在古罗马神话中的代表神是信使墨丘利，可能是因为二者在空中移动的速度都很快。

水星和太阳间的距离非常近，水星向阳面的最高温度可达到430℃！

到了夜间，水星背阳面的温度可能降到-160℃。巨大的温差足以让水星成为一个冰火两重的星体。

这得几辈子才能挖完啊！

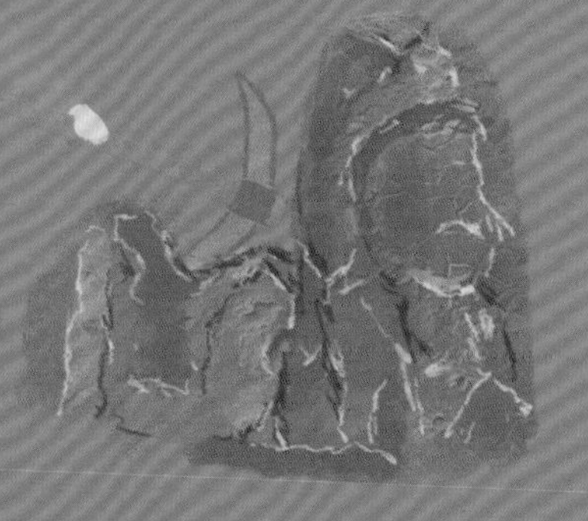

由于水星离太阳近，自身的光芒经常被淹没在灿烂的阳光中，所以肉眼很难观察到它。

眼镜博士小课堂

水星的内部结构和地球很像，也分为壳、幔、核三层。

金星——金色维纳斯

金星，中国古代称之为“长庚星”“启明星”“太白金星”等。

在古罗马神话中，金星是爱与美的女神维纳斯的化身。

金星和地球在体积、质量、平均密度和物质构成等方面都很相近。

为什么说金星和地球是“姊妹星”呢？因为金星是太阳系中与地球最相似的行星。

金星上的二氧化碳气体和硫酸云团像一件厚重的毛衣，锁住了太阳的热量，令金星像个又热又闷的烤炉。

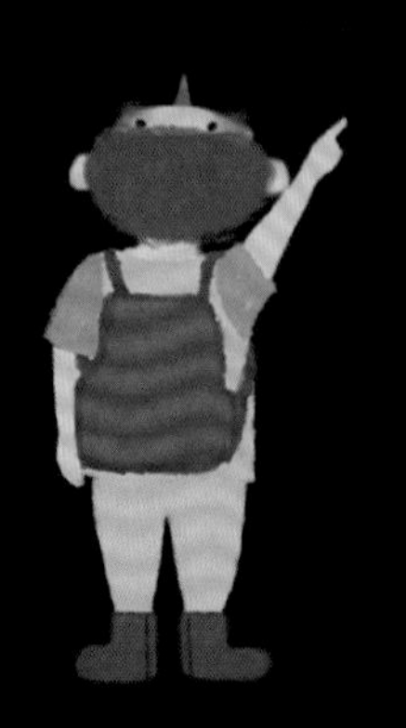

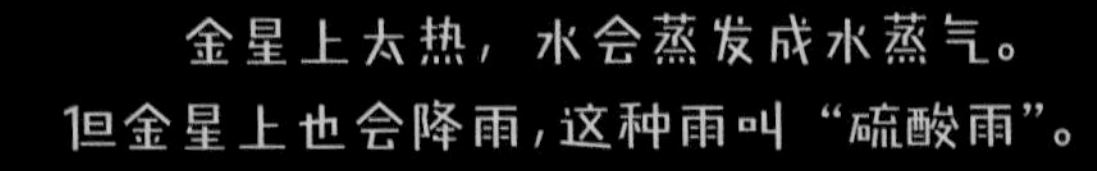

金星上太热，水会蒸发成水蒸气。但金星上也会降雨，这种雨叫“硫酸雨”。

地球上的云是白色的，而金星上的云却是淡黄色的——这些淡黄色的云层由硫化物和硫酸构成，具有强烈的毒性和腐蚀性。

金星表面被高低起伏的火山所覆盖，这里有上千座火山！其中最大的是玛阿特火山，据说它曾喷出可以流淌数百千米远的熔岩。

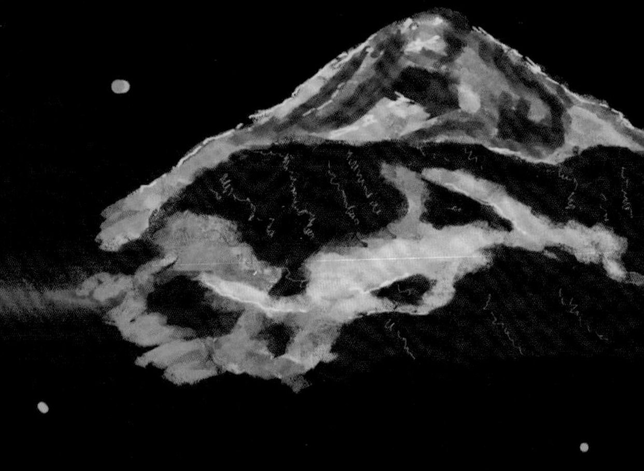

别去金星！航天员在金星上无法生存；在金星表面探测的航天器也只能工作一到两个小时，时间过长，航天器就会毁坏。

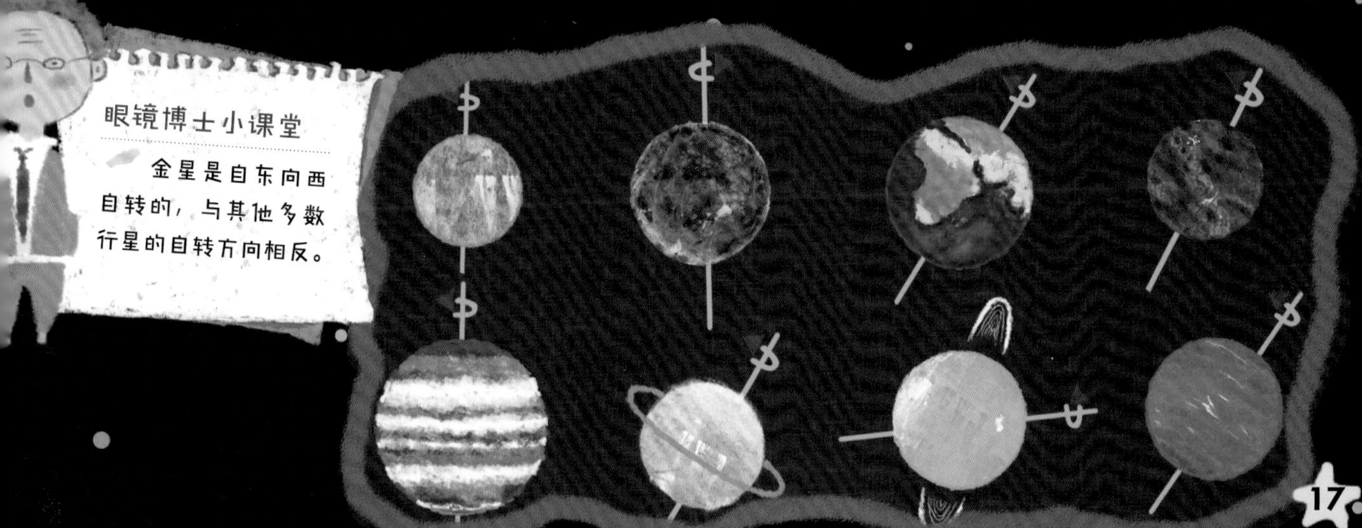

眼镜博士小课堂

金星是自东向西自转的，与其他多数行星的自转方向相反。

火星——曾经是水世界

火星的表面有一层含铁氧化物，使火星呈现出火红的颜色，远远望去就像宇宙中的一颗红橘子。

火星，中国古代叫“荧惑”，在古罗马神话中，它还代表着战神玛尔斯。

火星的自转速度、自转轴偏向和表面温度都与地球相近，昼夜的时间和地球也很相似，甚至和地球一样有四季之分。

“孪生兄弟”——火星和地球

2008年，美国国家航空航天局向火星发射了“凤凰号”探测器，找到了火星上曾经存在液态水的证据。

眼镜博士小课堂

火星的两颗天然卫星——火卫一和火卫二，是不规则的马铃薯形状的。

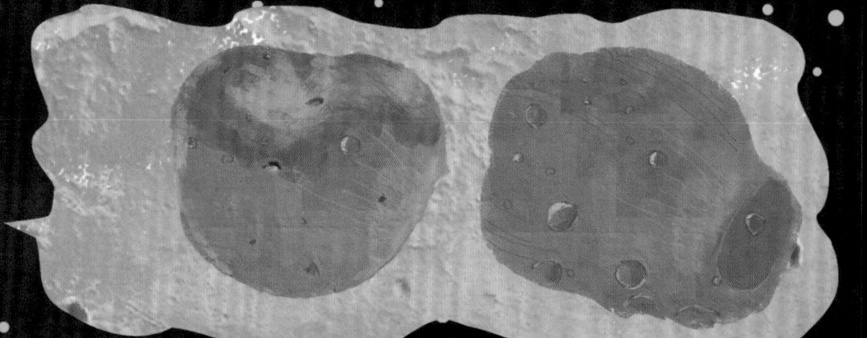

在火星表面的红色土层中，发现了一些亮闪闪的小方块，这些小方块暴露在阳光下时，竟然逐渐消失了。科学家判断，这些小方块可能是冰冻水。

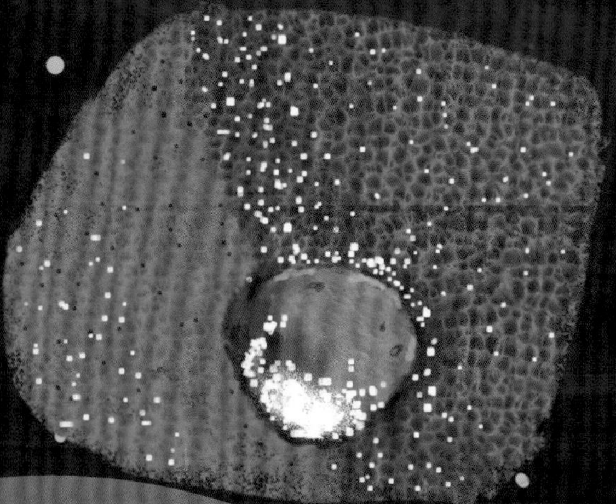

新发现

2015年9月，美国国家航空航天局宣布火星上存在流动水。2018年7月，法新社消息称，火星上发现了第一个液态地下水湖。

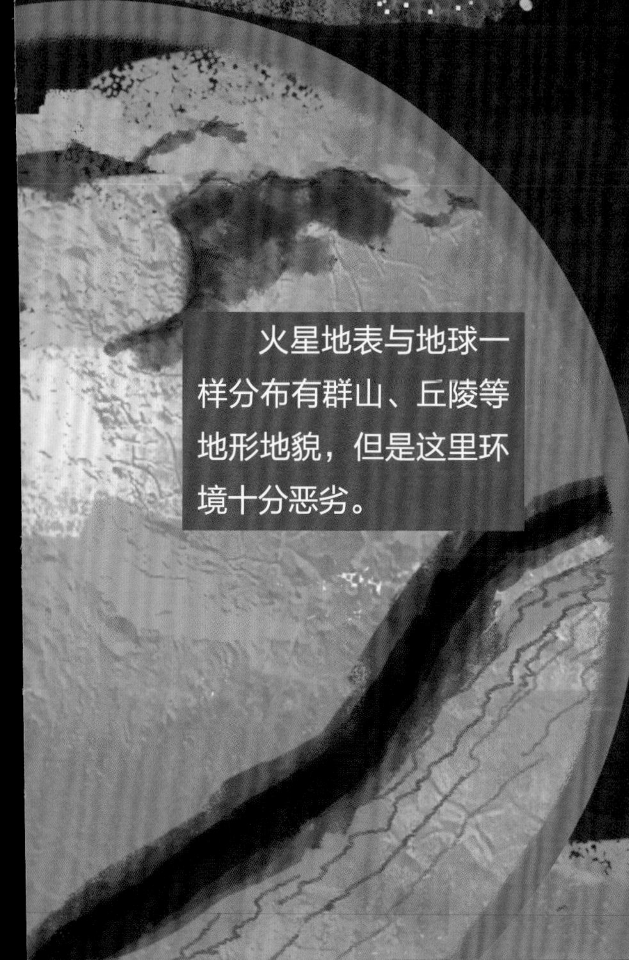

火星地表与地球一样分布有群山、丘陵等地形地貌，但是这里环境十分恶劣。

从探测器拍摄的火星照片上可以看出，火星上蜿蜒着数以百计的干涸河床和峡谷，最宽的河床宽达上千米。

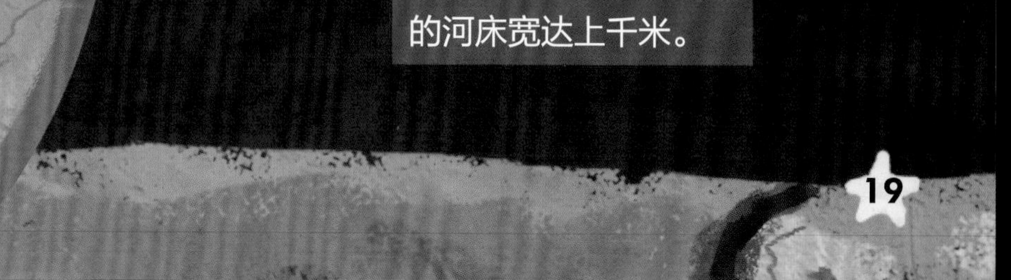

木星——行星之王

木星，在中国古代又称为“岁星”。它在夜晚非常明亮，当太阳的位置很低时，甚至能在白天看到，因此自古以来就为人所知。

木星代表着人们所熟知的希腊神话中的天神——宙斯，在罗马神话中他被称为朱庇特。

木星是太阳系八大行星中最大的一颗，其质量比太阳系其他行星的质量总和还要大两倍多！

木星究竟有多大呢？它大到可以装下一千多个地球！

木星是太阳系中自转最快的行星，不到10小时就可以自转一周。

木星是一个气态巨行星，它主要由气体构成。
天文学家还发现了12颗新的木星卫星，使得目前已知的木星卫星数量增加到79颗。
2018年2月，美国“朱诺号”木星探测器拍摄到一组木星南极的图像，醒目的蓝色旋涡以华丽的图案扭曲变幻，创造出令人惊叹的奇观。
眼镜博士小课堂
木星表面的大红斑是它最引人注目的特色。大红斑是一团逆时针方向转动、不断激烈上升的巨大气流，由于气流中含有大量的红磷，所以颜色有时鲜红，有时略带棕色或淡玫瑰色。
木星好漂亮啊，像穿着彩虹衣！

土星——绝美的“指环”

和木星一样，土星也是一颗气态星球，周围飘浮着旋涡似的云团和许多卫星。但最引人瞩目的，还是那一道美丽的“光环”。

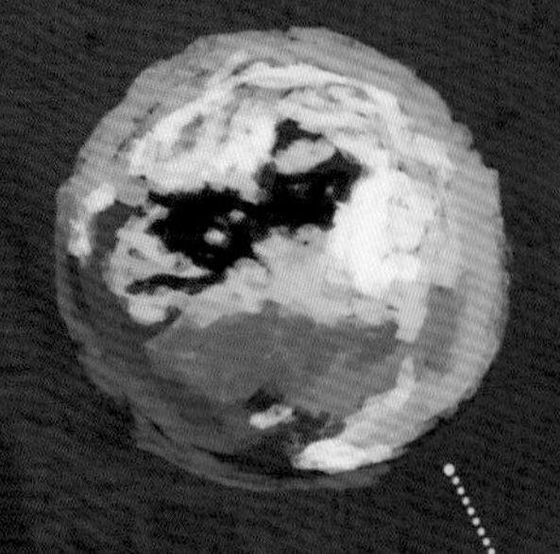
泰坦卫星

土星的卫星也很多，其中最大的是土卫六：泰坦。

通过分析红外线影像，天文学家发现土星有一个“温暖”的极地旋涡。天文学家认为这个旋涡是土星上温度最高的点，土星上其他地方的平均温度是-185 ℃，而该旋涡处的温度达到了-122 ℃，比平均温度高出不少。

眼镜博士小课堂

土星北极点的上方存在着和木星表面的“大红斑”一样令人着迷的景象——六角形风暴。天文学家认为，六角形风暴的循环能基本准确地反映出土星一天的时长：10 小时 39 分。

从内向外，土星环可以分成7个同心圆环。但实际上，土星环是由数以万计条细密的光圈组成的。

土星绕太阳公转一周需要近30年。由于土星运行缓慢得像老人，西方人用罗马神话中老迈的农神萨图恩来代表它，古代中国则称它为“镇星”。

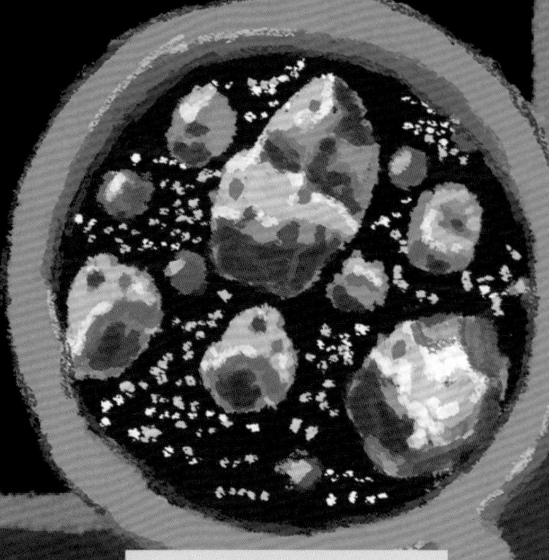

从太空中眺望，土星环就像一枚闪闪发光的钻石戒指。土星环主要是由大大小小的冰块组成的，除此外还有少量岩石和太空尘埃。

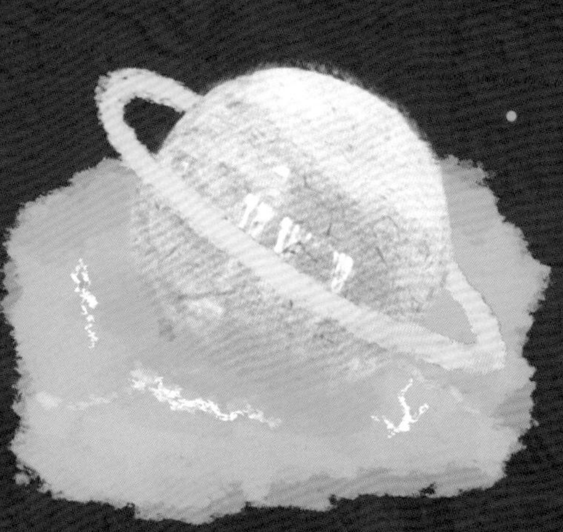

土星是太阳系中体积第二大的行星，但它的质量比体积第一大的木星要小得多。如果太空中有一片足够大的海，土星可以轻松浮起来！

天王星——斜着身子的行星

天王星是一颗蓝绿色的气态星球，外部环绕着淡灰色的环，看起来像侧身躺在太空。

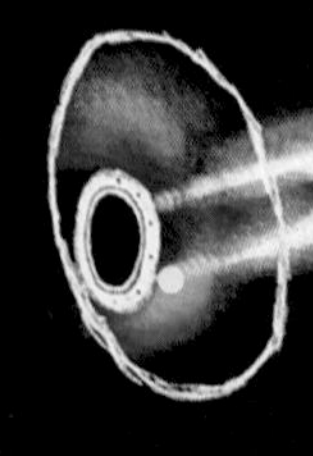

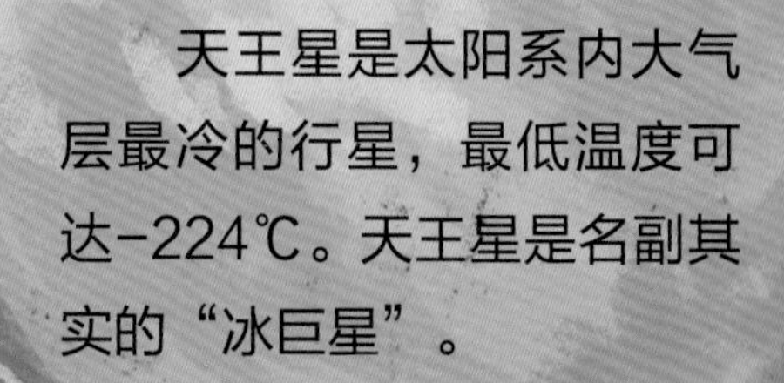

天王星是太阳系内大气层最冷的行星，最低温度可达-224℃。天王星是名副其实的“冰巨星”。

天王星大气的主要成分是氢气和氦气，但导致它呈蓝绿色的原因是大气中含有的甲烷气体。

天王星的英文名字来自古希腊神话中的天空之神乌拉诺斯，他是宙斯的祖父。

天王星的旋转方式和太阳系的其他行星不一样。

我们假设每颗行星的正中心都有一根虚拟的“轴”，大部分行星是将“轴”竖起来，像陀螺一样旋转的，而天王星却是将“轴”横过来，像前进的车轮一样旋转。

天王星的内核由冰和岩石组成，外环可能由石墨组成。

在地球上，石墨可以用来做铅笔芯。

石墨

眼镜博士小课堂

天王星有27颗卫星，有趣的是，它们都是以莎士比亚作品中的人物来命名的。

与古代就被人们所知的水星、金星、火星、木星、土星相比，天王星的亮度虽然也是肉眼可见的，但由于它的亮度太暗，离地球又很远，很长一段时间，人们没有发现这颗行星。

ARIEL 爱丽儿

UMBRIEL 乌姆伯里厄尔

TITANIA 泰坦尼亚

OBERON 奥伯龙

直到1781年3月13日，威廉·赫歇尔爵士宣布他发现了天王星，这也是第一颗使用望远镜发现的行星。

海王星——蓝色的巨型冰团

望远镜中的海王星

海王星是唯一利用科学家的数学预测而非有计划的观测发现的行星，由于它离地球很远，光芒又比较暗淡，只能通过天文望远镜看到。

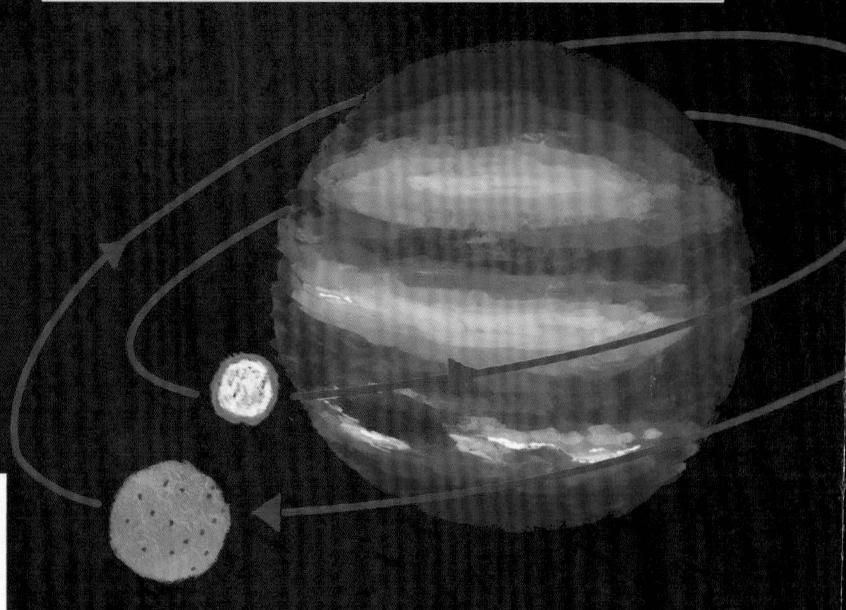

海王星因其颜色如大海一样蓝而得名。西方国家以罗马神话中的海神尼普顿来代表它。

海王星是气态行星，主要由气体、冰和云构成。其大气层的主要成分有氢气、氦气、甲烷和少量氨气。它的颜色比天王星的更鲜艳。

海王星与天王星

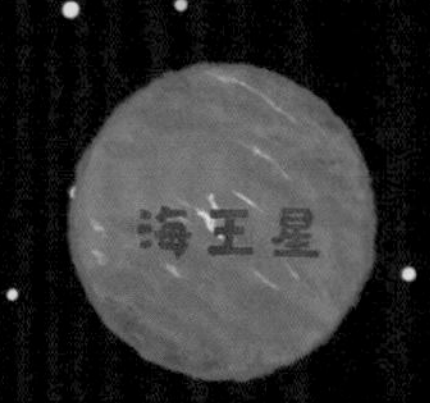

海王星也有光环，但在地球上只能观察到暗淡模糊的圆弧，而非完整的光环。

这颗行星外冷内热！

海王星结构图

作为距离太阳最远的行星，海王星表面非常寒冷，平均温度大约是-214℃。

尽管如此，海王星却有一颗炽热的“心”——海王星核心的温度约7000℃，和大多数已知的行星相似。

海王星表面的大暗斑

海王星是太阳系八大行星中距离太阳最远的，体积是太阳系第四大，质量排名第三。海王星的质量约是地球的17倍。

在太阳系中，海王星的风速是最快的，可达到每小时2000千米。大风暴将海王星底层的物质吹起，在其表面形成一块大暗斑。

观月

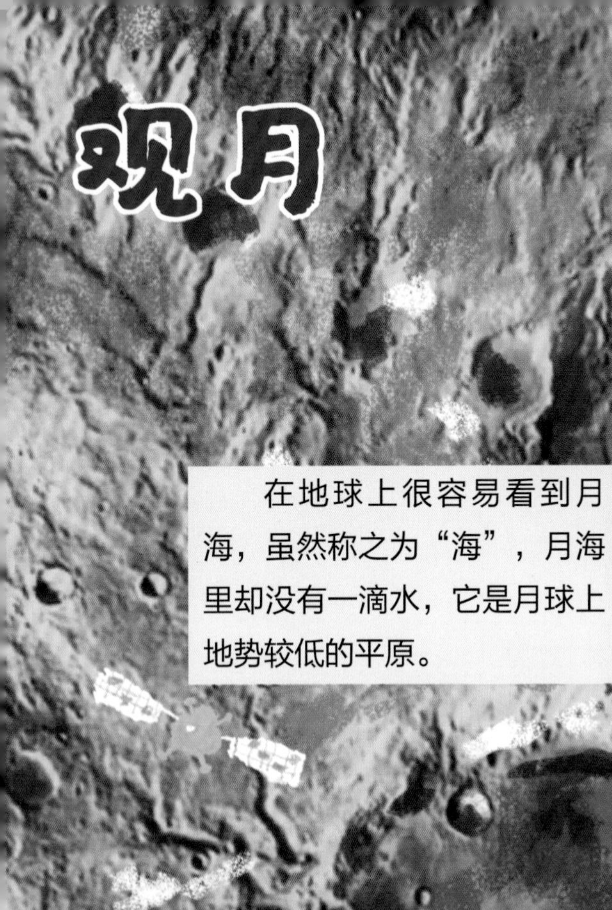

盈凸月：月球圆面上绝大部分是明亮的。

在地球上很容易看到月海，虽然称之为“海”，月海里却没有一滴水，它是月球上地势较低的平原。

盈凸月

满月

亏凸月

下弦月

满月：月球的整个光亮面对着地球。

诺诺发现，每一天，月亮的脸都在悄悄地改变。

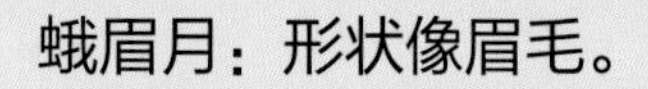

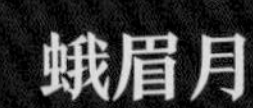

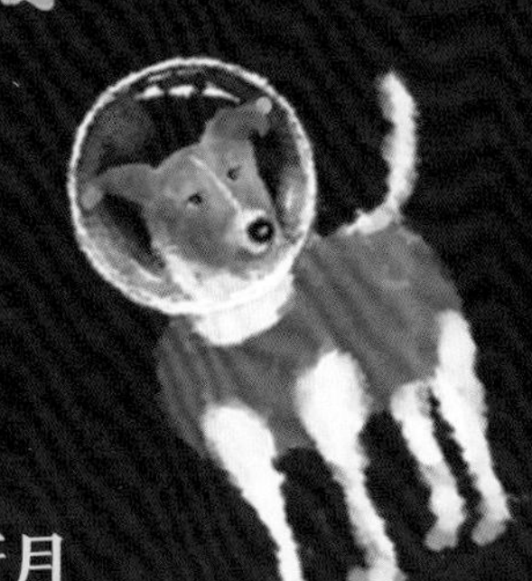

新月

新月：月球被照亮的一面背对地球，几乎看不见。

残月

地球、太阳、月球的位置，决定了夜空中月亮的模样。

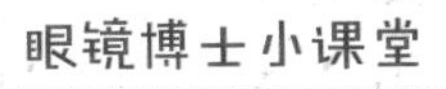

眼镜博士小课堂

月球表面布满了由小天体撞击形成的撞击坑，其中较大的撞击坑也叫环形山。

去探索太空

人类已不再满足于通过望远镜去观察天空。

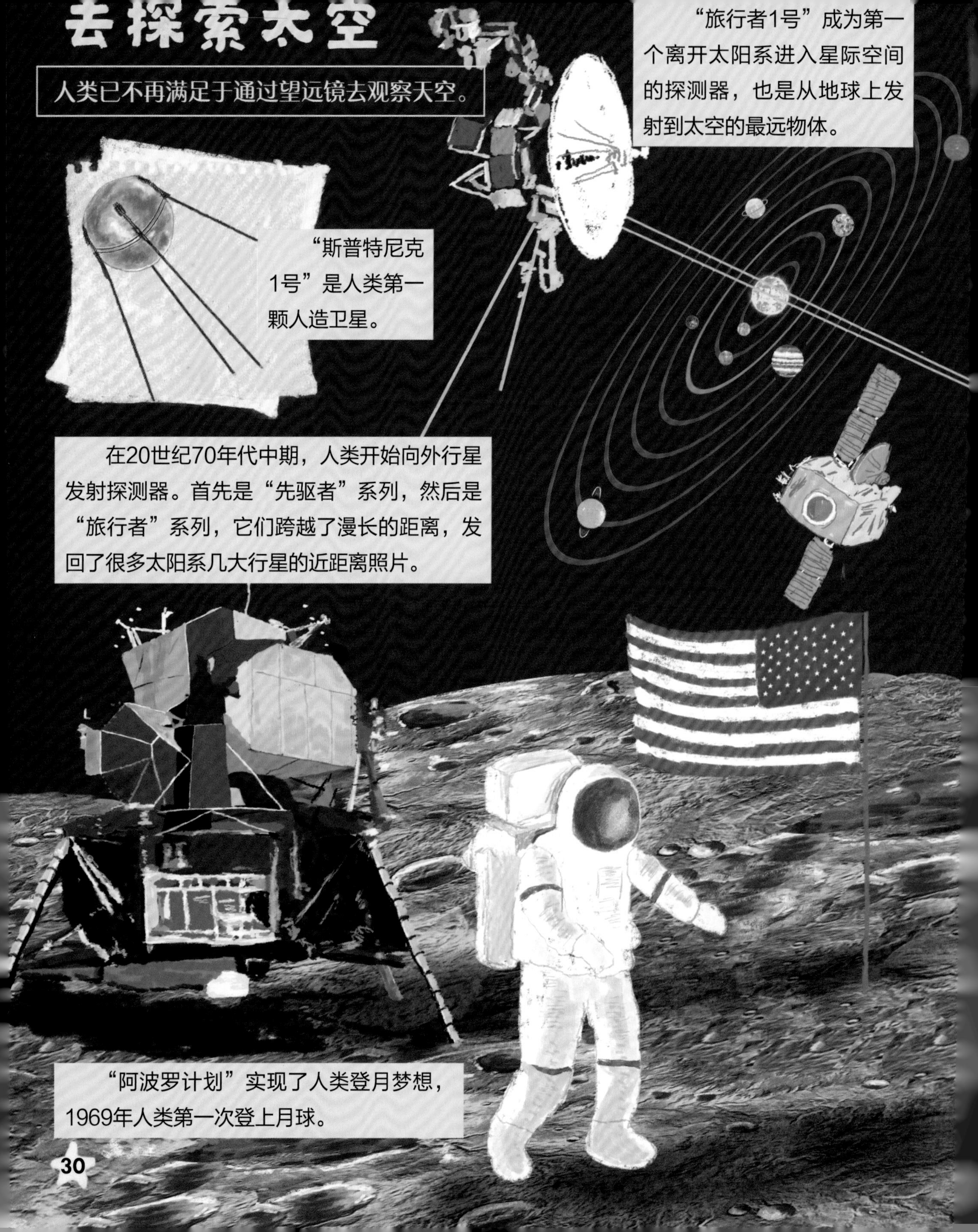

“旅行者1号”成为第一个离开太阳系进入星际空间的探测器，也是从地球上发射到太空的最远物体。

“斯普特尼克1号”是人类第一颗人造卫星。

在20世纪70年代中期，人类开始向外行星发射探测器。首先是“先驱者”系列，然后是“旅行者”系列，它们跨越了漫长的距离，发回了很多太阳系几大行星的近距离照片。

“阿波罗计划”实现了人类登月梦想，1969年人类第一次登上月球。

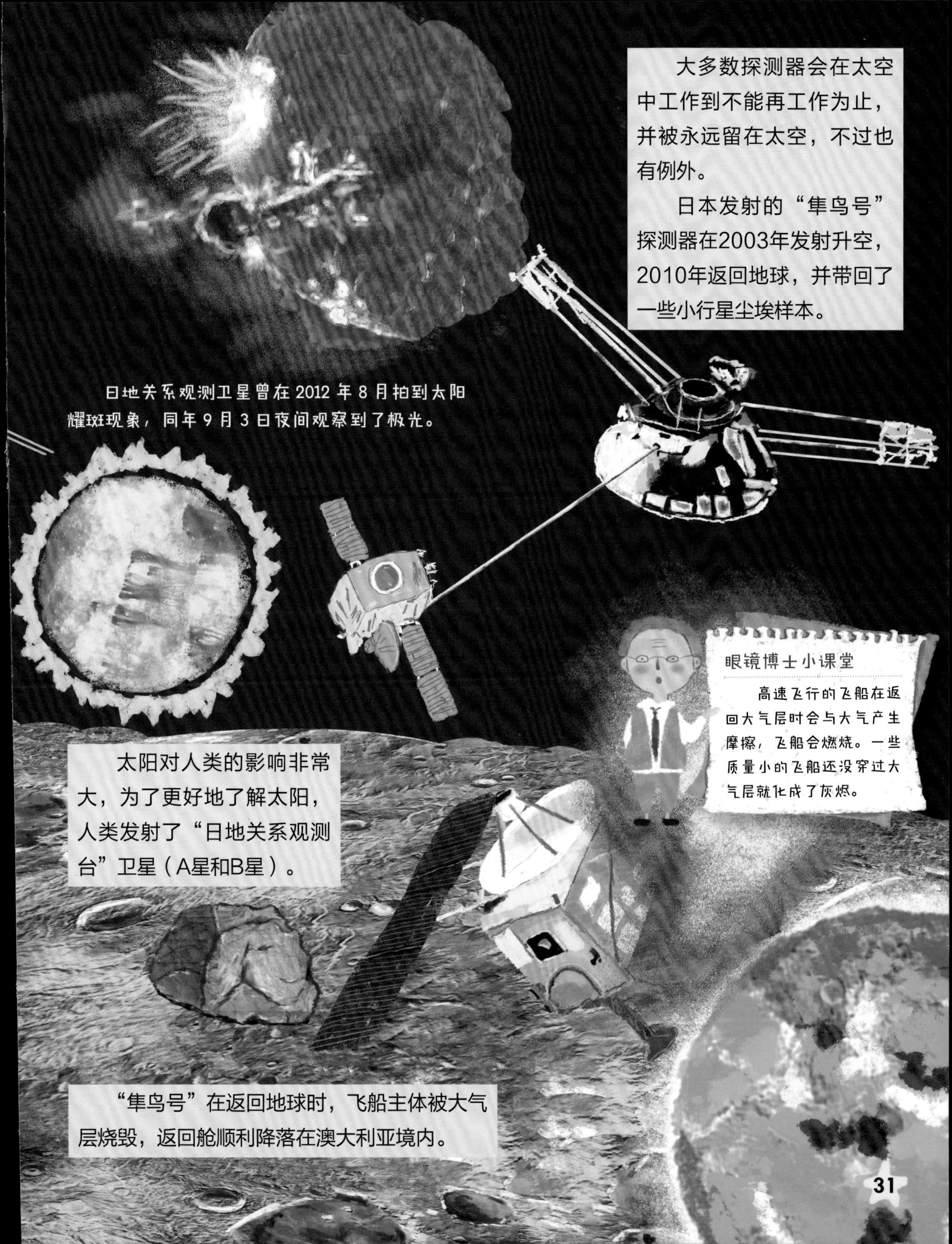

大多数探测器会在太空中工作到不能再工作为止，并被永远留在太空，不过也有例外。

日本发射的“隼鸟号”探测器在2003年发射升空，2010年返回地球，并带回了一些小行星尘埃样本。

日地关系观测卫星曾在 2012 年 8 月拍到太阳耀斑现象，同年 9 月 3 日夜间观察到了极光。

眼镜博士小课堂

高速飞行的飞船在返回大气层时会与大气产生摩擦，飞船会燃烧。一些质量小的飞船还没穿过大气层就化成了灰烬。

太阳对人类的影响非常大，为了更好地了解太阳，人类发射了“日地关系观测台”卫星（A星和B星）。

“隼鸟号”在返回地球时，飞船主体被大气层烧毁，返回舱顺利降落在澳大利亚境内。

寻找宜居的行星

不管是行星还是恒星，都是有“寿命”的。

如果有一天我们不得不离开地球，我们可以去哪里呢？

适宜生存的行星不能距离恒星太近，也不能距离恒星太远，才能维持稳定的温度和环境。

每颗恒星都有一条“宜居带”，在这条宜居带上，有可能存在着和地球相似的行星。

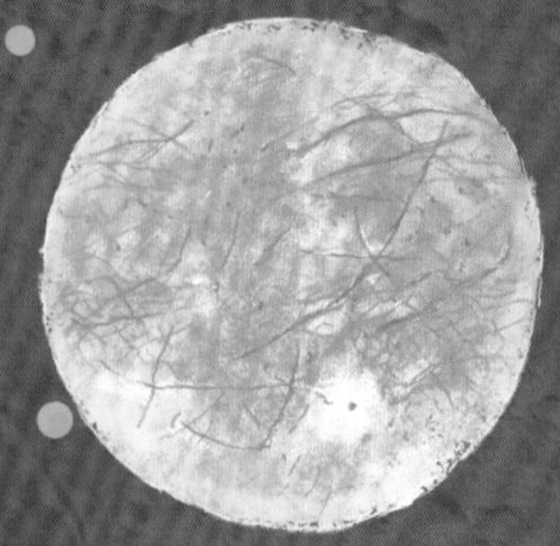

木星拥有很多颗大大小小的卫星。其中一颗命名为木卫二的卫星，有着冰下海洋，可能存在着生命。

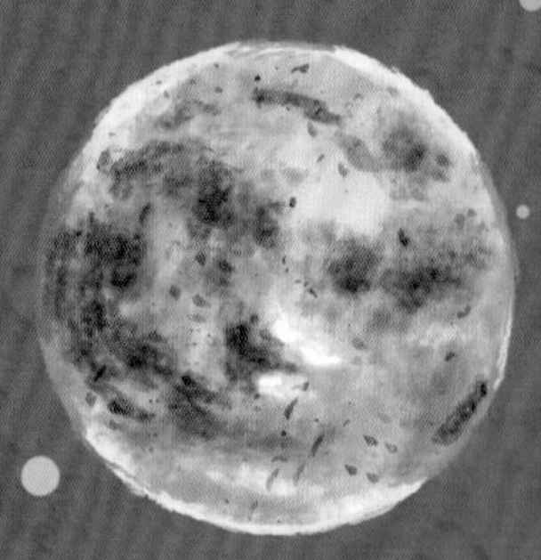

月球没有大气层，昼夜温差巨大。

水星、金星太热。

“科学家们正寻找适宜人类生存的星球。”

火星太寒冷，水会被冻住。

木星、土星、天王星、海王星属于气态的行星。

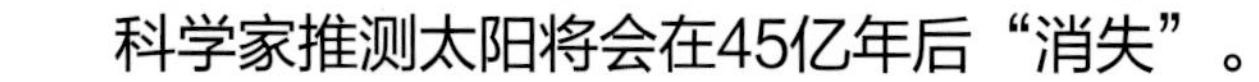

现在的太阳

宜居行星要具备的条件：有属于自己的“太阳”；行星上有液态水；温度适宜。

发现适宜人类居住的星球。

在距地球40光年外，一个编号为TRAPPIST-1（特拉普斯特）的恒星系统中，发现了7颗“超级地球”。这是人类已知拥有最多类地行星的系外恒星系统。

我是小小宇航员

眼镜博士特意带大家去看宇航员在太空中生存的地方——国际空间站。宇航员汤姆先生带着大家参观了空间站。

宇航服不仅外观十分炫酷，还能全面保护宇航员不受到太空辐射的伤害。

炫酷宇航服

宇航员睡觉时需要钻到特制的睡袋里，挂在墙上站着睡，不然就飘走了！

站着睡觉

上厕所

同样，在失重环境中上厕所也需要固定在专门的坐便器上！这种坐便器还能将大小便吸起来，然后分类处理。

好玩的太空餐

宇航员的食物通常都装在专用袋里，吃的时候要像挤牙膏一样挤着吃。

水也一样，宇航员喝饮料时需要把水装进饮水袋中，吸着喝。

太空漫步

由于物体在太空中处于真空、无重力状态，所有东西都能飘起来！在太空中，没有翅膀也能飞，所有人都会变成大力士，能轻松举起重物。

洗澡怎么办

在宇宙中不能淋浴或泡澡，宇航员只能用湿毛巾擦洗身体。而刷牙时则必须先把牙膏挤到嘴里再刷。

每天锻炼

长期处于失重状态，会导致人体骨质疏松、肌肉萎缩。回到地球后，会因无法承受自身体重而造成身体损伤，因此宇航员每天都要坚持锻炼。

地球在八大行星中距离太阳第三近。
这个不远不近的距离，让地球表面既不像天王星、海王星那么冷，也不像水星、金星那么热，温度正好适宜生物生存。
金星
水星
回到蓝色星球

海洋覆盖了地球表面的71%——这正是地球在太空中看起来呈现蓝色的原因。

会有外星人吗？

人类居住在地球上那29%的陆地上。

水孕育并维系了地球上丰富、多样的生命。

地球是目前所能探测到的宇宙环境中已知的唯一存在生命的天体。

天亮了，天黑了

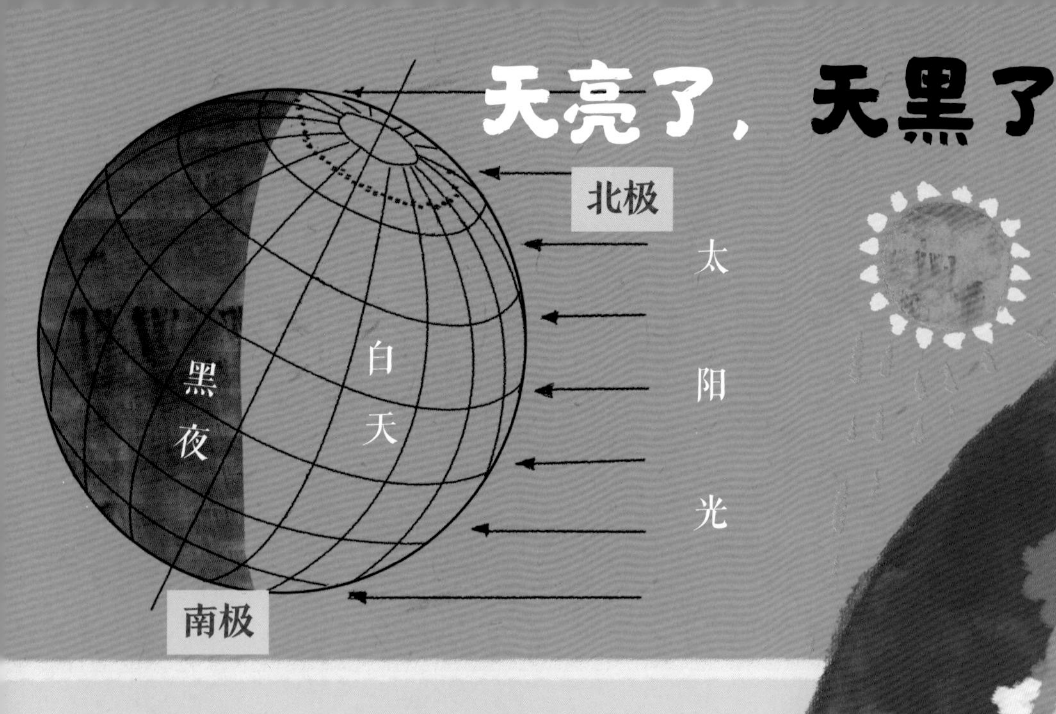

地球被太阳照射到的一面就是白天，太阳照不到的另一面就是夜晚。由于地球一刻不停地自转，产生了白天和黑夜的交替。

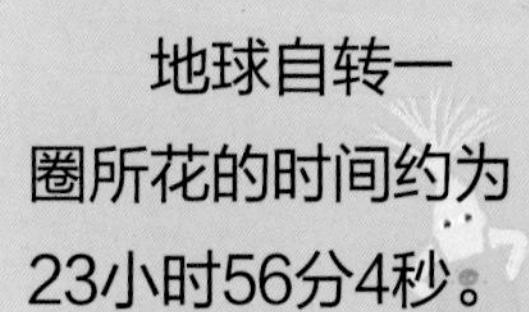

地球自转一圈所花的时间约为23小时56分4秒。

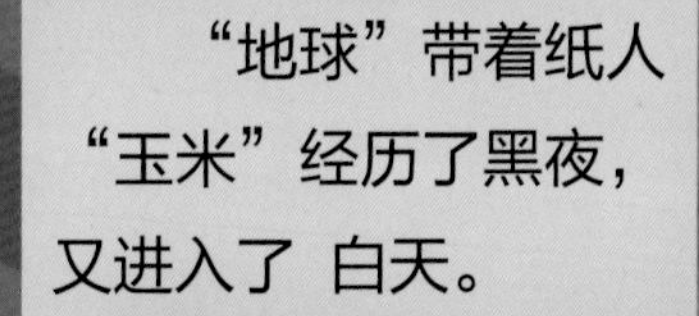

“地球”带着纸人“玉米”经历了黑夜，又进入了 白天。

任何时候，地球上都有一半地方处于白天，另一半地方处于夜晚。

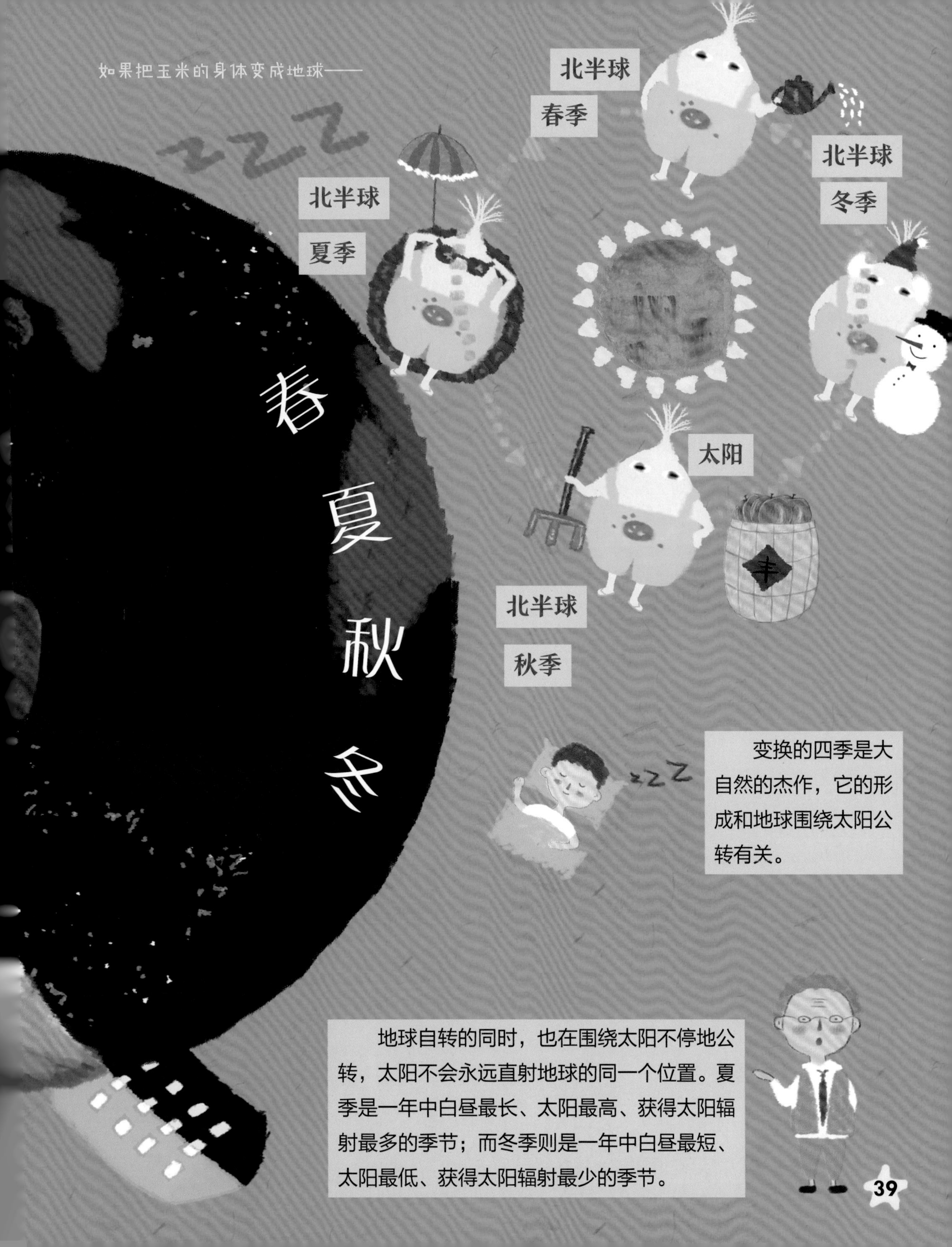

变换的四季是大自然的杰作，它的形成和地球围绕太阳公转有关。

地球自转的同时，也在围绕太阳不停地公转，太阳不会永远直射地球的同一个位置。夏季是一年中白昼最长、太阳最高、获得太阳辐射最多的季节；而冬季则是一年中白昼最短、太阳最低、获得太阳辐射最少的季节。

地球内部的世界

孩子们对地球内部世界的样子十分好奇……

地球内部的世界，温度高得难以想象。

地球内部的高温也能熔化"月亮号"吗？

当然，地球内部的高温能熔化一切。

地球内部温度最高的地方。

地壳

地球表面由岩石组成的固体外壳。

外核

充满液态金属。

内核

地幔

地球内部体积最大、质量最大的一层。

漂移的陆地

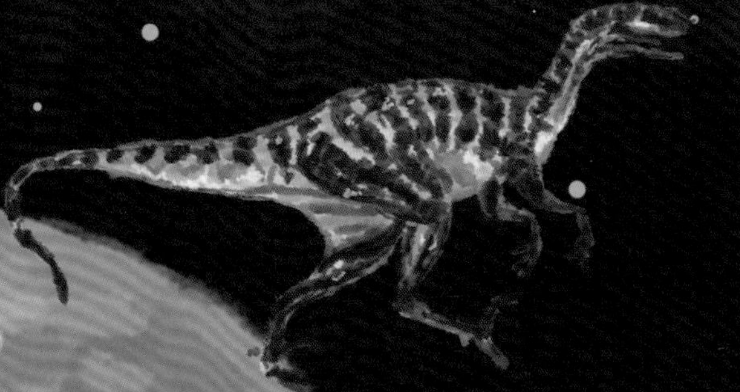

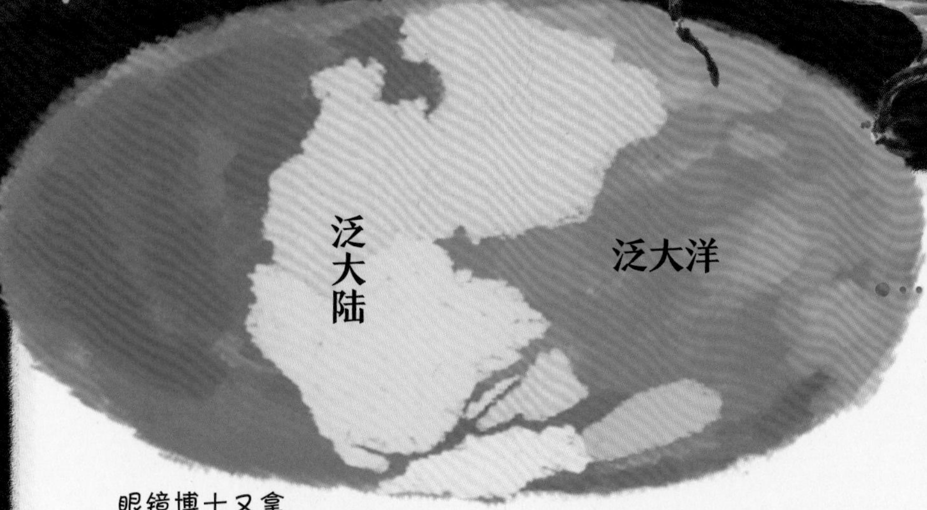

约2亿年前

在很久很久以前，地球上的大陆是连成一片的，组成了一块原始大陆。

泛大陆
泛大洋

眼镜博士又拿出了他的纸板，这次是拼图——

约1.8亿年前

劳亚古陆
冈瓦纳古陆

大陆漂移的方向

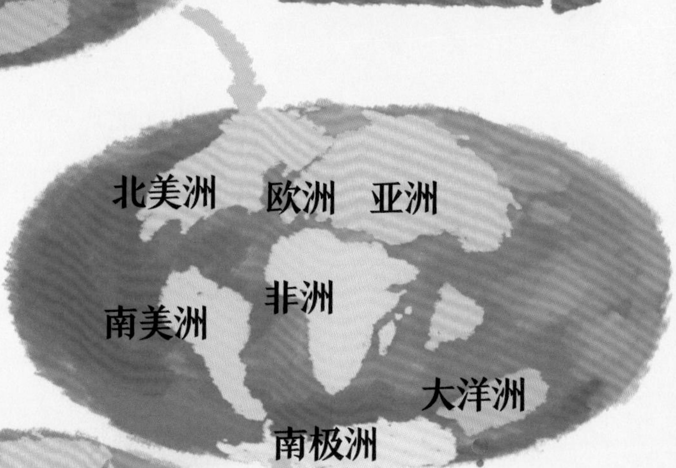

板块的分离、组合，改变了地球的面貌，就像我们拼七巧板一样。

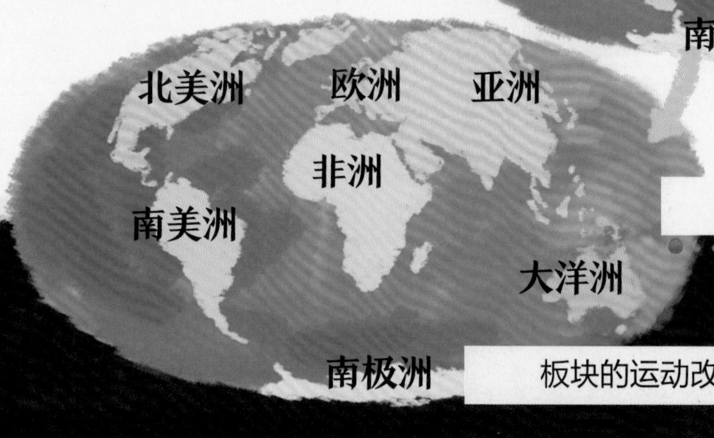

约6500万年前

北美洲 欧洲 亚洲
非洲
南美洲
大洋洲
南极洲

现在

北美洲 欧洲 亚洲
非洲
南美洲
大洋洲
南极洲

板块的运动改变了地球的面貌。

穿越山脉

山脉出现的原因是板块运动的巨大力量。

高山上的居民们世世代代与高山为伴。

珠穆朗玛峰海拔8848.86米。
海拔高的地方终年冰雪覆盖。
山上空气稀薄，越高的地方气温越低。
高山上的动物长着厚厚的皮毛，可以抵御严寒。
攀登高峰的登山者们都穿着厚厚的衣服，背着氧气瓶。

河流与湖泊

循着一条大河，观光车带着孩子们从高山到海洋——

河流的发源地一般在高处，向低处流入湖泊或海洋。

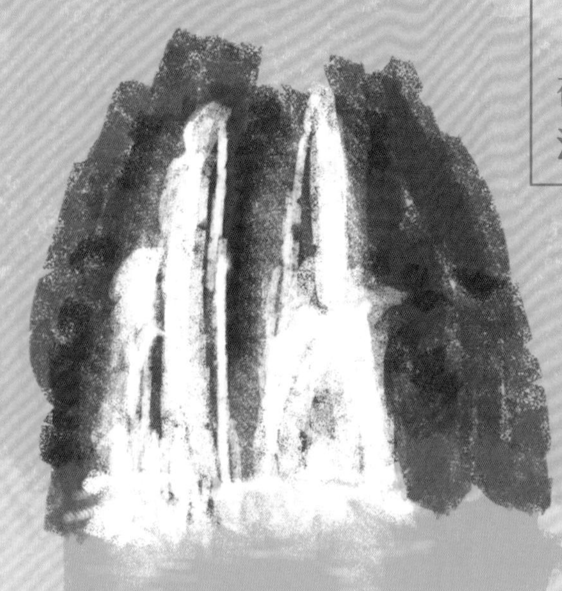

河流从高山出发，上游狭窄崎岖，流得很快。

中游地势变平，流速变慢。

飞流直下的瀑布也是河流的一部分。

河流在下游流得最慢。

窄而浅的河流叫溪流。

很多河流从泉水发源。

雨水、高山上的冰雪融水、地下水都能使河水更充足。
高地湖泊的湖水十分清澈。
低地湖泊四周植物茂盛。
冰川湖一般分布在海拔较高的地方，湖体较小。
火山湖是雨水、积雪融水或地下水聚积在火山口形成的。
玉米打算带孩子们去河里玩水，被眼镜博士批评了……

对于玉米来说，深深的海底是一个浪漫的地方，他曾在这里捡到一条美丽的项链。

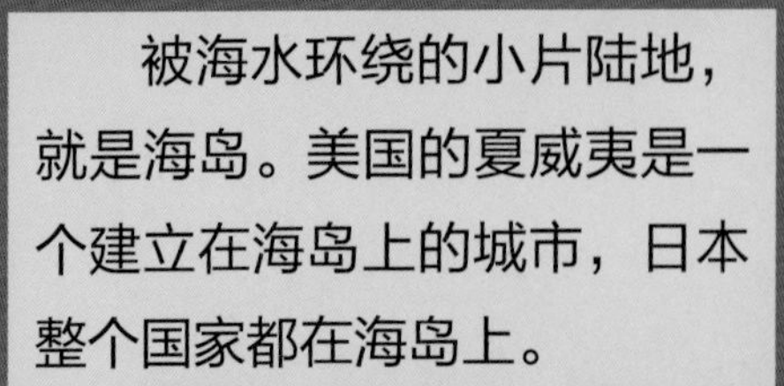

被海水环绕的小片陆地，就是海岛。美国的夏威夷是一个建立在海岛上的城市，日本整个国家都在海岛上。

大陆沿岸的土地在海面下向海洋的延伸部分，就是大陆架。

大陆坡是一个斜坡，它一头连着陆地边缘（大陆架），一头连着海洋。

海底的平坦陆地叫深海平原，被来自大陆和岛屿的沉积物层层覆盖。

海底的世界和陆地上一样，有着起伏的海丘、高耸的海山和平坦的海原……

海底世界的漫游开始了——
周围越来越黑，
但孩子们一点都不害
怕。他们把脸紧紧地
贴在窗户上，对外面
的景象十分好奇。
海岭又叫海脊，
看起来和陆地上的山
脉很像，是狭长绵延
的海底高地。
大洋中脊又叫作中
央海岭，贯穿世界四大
洋，是最长、最宽的环
球性洋中山系。
马里亚纳海沟深
11034米，是目前已知
的地球上最深的海沟。
海沟是海底
中最深的地方。

走遍森林
观光车带着孩子们看遍了各处的森林，装饰在观光车上的树叶是森林留给孩子们的纪念品。
竹林和熊猫
YU MI NONG TANG HAO
森林里浓密的树木遮蔽地面，动物们享受着充足的食物。
桉树林和考拉
赤道附近的地区终年高温、多雨，那里有地球上最茂盛的热带雨林。世界上多于一半的动植物都生活在热带雨林里。
湿润的海风吹到海岛或海岸上，变成雨水，养育了繁茂的温带雨林。这里和热带雨林在某些方面很相似，但冬天比热带雨林冷，夏天又没有那么热。

常绿阔叶林生长在亚热带湿润地区，四季常绿。
红树林和白鹭
杉树林和黑尾鹿
针叶林多生长在寒温带，是分布最靠北的森林。这里的树木叶子像针一样。
冬天来临，落叶阔叶林的树叶变黄、飘向大地，到了春天，树木重新抽枝发芽，长出新叶。
我可以养一只熊猫吗？

非洲热带草原
干湿季交替的非洲热带草原上，动物们正在开展壮观的迁徙之旅。
猴面包树
金合欢树
风把云从海洋吹向陆地，云中的水汽越来越少，顽强的草代替树木生长起来，形成了草原。
长颈鹿
羚羊
辽阔大草原
南美洲的潘帕斯草原是一片“没有树木的大草原”，这里牛群遍野，到处都是农田和牧场。
这里是绿色的海洋！
潘帕斯草原

北美大草原面积很大，是世界著名大草原之一。
北美大草原
雕
灰狼
一到夏天，这片草原上就热闹非凡。
野牛
叉角羚
野马
蜣螂（屎壳郎）
草原松鸡
响尾蛇
草原犬鼠
澳大利亚大草原
袋鼠
鸸鹋
考拉
澳大利亚大草原上放牧着上千万只绵羊。袋鼠随处可见，考拉、鸸鹋是这里特有的动物。

沙漠和绿洲

有时，沙漠上空会出现神奇的海市蜃楼。

沙漠里水很少，风很大。

河流逐渐消失，植物越来越少，观光车终于驶进了沙漠。

蘑菇岩石是风沙侵蚀的产物。

骆驼背上长着高高的驼峰。

蘑菇

绿洲像是镶嵌在沙漠里的美丽的珍珠。

沙拐枣

沙漠里的动植物既不怕干旱，也不怕炎热。

地球陆地约三分之一都是沙漠。

沙漠棉尾兔用布满血管的大耳朵来散热。

在世界各大沙漠中，塔克拉玛干沙漠是最神秘、最奇妙的一个。

淘气的玉米差一点儿在沙漠中迷了路。

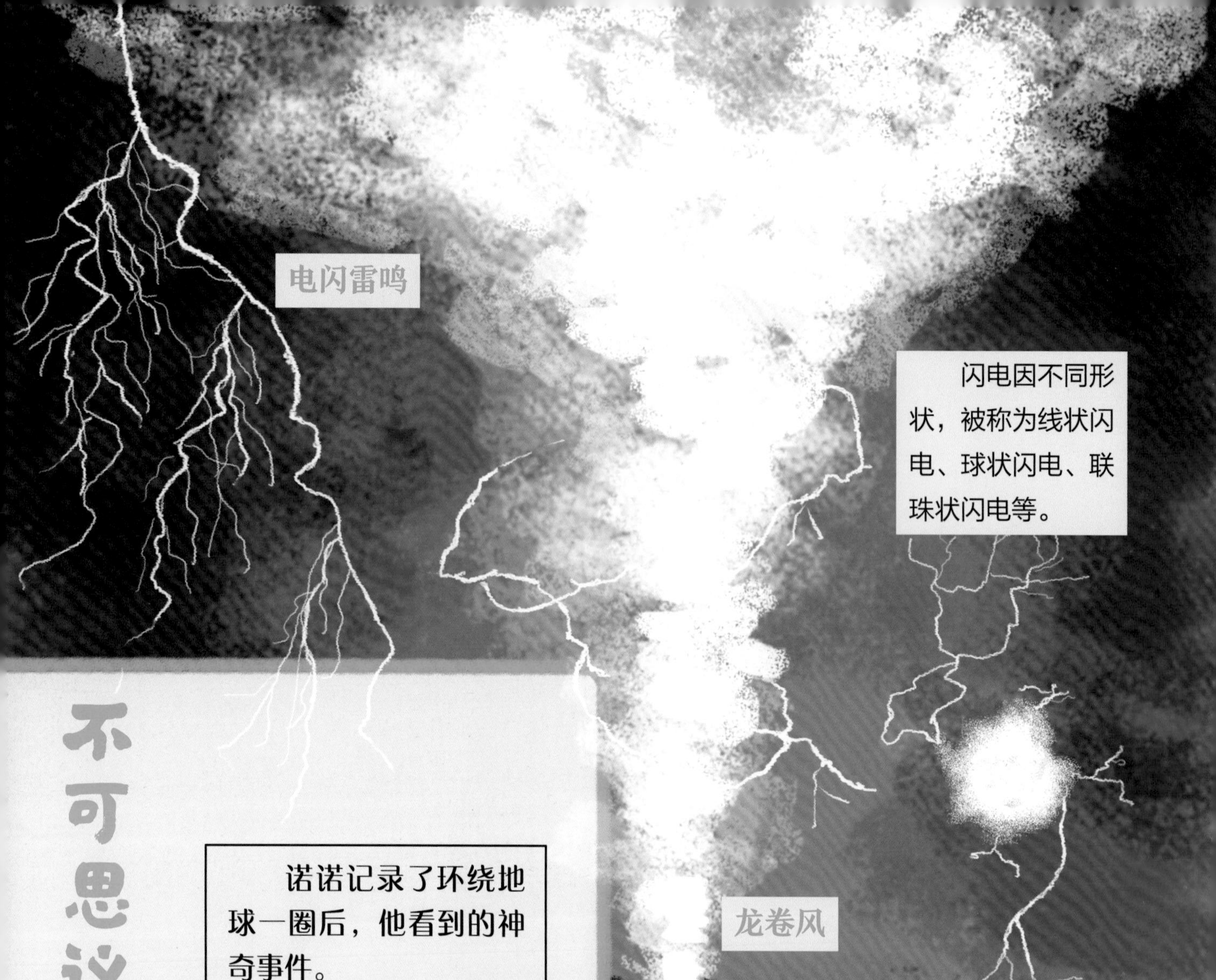

不可思议的神奇现象

诺诺记录了环绕地球一圈后，他看到的神奇事件。

雷电发生时，破坏力最强的是闪电。闪电出现的瞬间，会产生极高的温度，这个温度大约是太阳表面温度的3~5倍。

龙卷风是大气中最强烈的涡旋现象，常发生在夏季的雷雨天里。

龙卷风在海上卷起了海水和鱼，将它们带到另一个地方变成“鱼雨”落下来。

鱼雨

一些甲藻丰富的海域，会出现海洋发光的现象。比如马尔代夫瓦度岛的荧光海滩，牙买加发光潟湖。全世界只有少数地方能够见到这些壮美景象。
发光生物
在伯利兹，常年的侵蚀形成了海底深不见底的蓝洞。
大蓝洞
丹霞地貌
丹霞地貌是一种特殊的地理现象，这里的山呈现出红黄等不同的七彩颜色，在阳光的照射下像披上了一层彩色的轻纱，色彩异常艳丽。

时间的齿轮

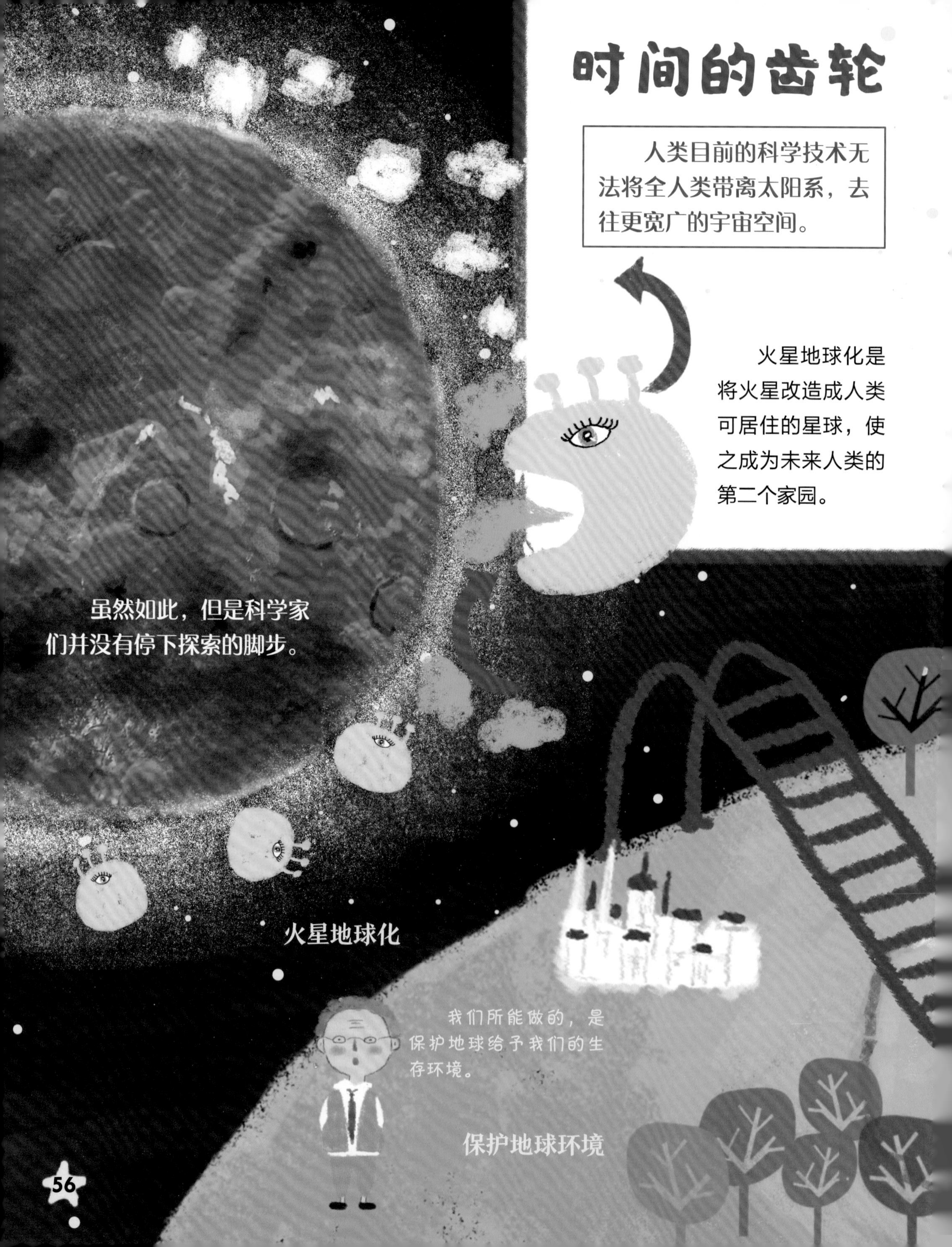
人类目前的科学技术无法将全人类带离太阳系，去往更宽广的宇宙空间。
火星地球化是将火星改造成人类可居住的星球，使之成为未来人类的第二个家园。
虽然如此，但是科学家们并没有停下探索的脚步。
火星地球化
我们所能做的，是保护地球给予我们的生存环境。
保护地球环境